...ge d'Aviculture de France

Cours complet

par correspondance

Collège d'Aviculture de France

Cours complet

par correspondance

Douzième Leçon

Douzième   Leçon

Etude sur la Ponte, la Fécondité

VANT d'étudier la conduite du poulailler de ponte, nous devons connaître tout ce qui touche à la fécondité de la volaille. Par fécondité nous entendons non le pouvoir de produire des embryons mais celui de pondre des œufs. Le mot "fécondité" est donc ici synonyme de "production".

LE FACTEUR ANATOMIQUE

La poule possède un ovaire organisé : masse de tissus musculaires à travers laquelle courent d'innombrables vaisseaux sanguins et des nerfs, et renfermant un très grand nombre de petits globes jaunes qui sont les oocytes ou œufs en puissance. Nous savons que la poule ne possède qu'un seul ovaire, mais malgré ce qui pourrait être considéré comme une infériorité, le nombre des oocytes n'en est pas moins élevé : il est de plus de deux mille. Ces oocytes sont ce que nous appelons le facteur anatomique.

Nous nous trouvons ici devant un premier problème : du nombre de ces oocytes ne dépend pas la fécondité de la poule : d'une part le nombre d'œufs parvenus à maturité, pondus et contrôlés chez une volaille de haute production est d'environ 1.200; d'autre part, la dissection d'une leghorn de grande fécondité (de famille de pondeuses) comme celle d'un combattant indien (de basse fécondité par conséquent) donne environ 2.000 oocytes dans deux cas. Le facteur anatomique est donc le même chez toutes les volailles et la fécondité ne dépend pas du nombre d'oocytes. L'avantage de l'aviculteur est de faire mûrir le maximum d'oocytes dans le minimum de temps. Cette maturité, cette croissance est due à l'apport par l'intermédiaire du courant sanguin de matière spéciale appelée substance vitelline (jaune d'œuf — vitellus).

Le nombre de ceux qui viennent à maturité dépend pour une grande part des quantités de matières vitellines qui entrent en jeu dans leur développement. Lorsqu'il se produit une réabsorption des matières vitellines (c'est-à-dire un reflux de ces matières vers le sang, par opposition à l'absorption qui est à l'afflux des matières vitellines du sang vers l'ovaire, la ponte diminue et peut cesser. Donc :

1. Chaque oocyte possède le pouvoir de se développer en un œuf.

2. La haute fécondité est due à un afflux constant et libre des matières vitellines dans les oocytes.

3. La basse fécondité est due à une réabsorption des matières vitellines qui retournent vers le sang.

FÉCONDITÉ INNEE OU GENETIQUE ET FECONDITÉ ACQUISE

Par fécondité innée nous entendons le pouvoir de ponte que l'animal a dès sa naissance, de par hérédité, à l'exclusion du pouvoir supplémentaire de ponte que l'on peut, dans une certaine mesure, lui donner.

La fécondité innée dépend de la somme des qualités que la poule tient de par les lois de l'hérédité.

Le pouvoir supplémentaire de ponte que l'on peut donner à l'oiseau (santé, milieu extérieur et soins) s'appelle fécondité acquise.

La première constitue le facteur génétique; la seconde le facteur acquis.

Nous nous occuperons de la fécondité innée dans les chapitres traitant de la sélection. Nous n'étudions dans cette leçon que la fécondité acquise.

FECONDITÉ ACQUISE

RÉABSORBTION. Les matières vitellines sont secrétées, tirées du sang par des glandes spéciales. Les canaux vitellins, de plus en plus ténus, conduisent cette matière vitelline dans les oocytes qui grossissent et finissent, suivant un processus que nous avons indiqué, par tomber dans la trompe de l'oviducte.

Sous l'influence de certaines conditions, la fonction de ces glandes peut être renversée : elles peuvent reprendre la matière vitelline dans les oocytes et la draîner dans le sang qui en a alors besoin. C'est ce phénomène que nous appelions tout à l'heure la réabsorbtion. Il est sous la dépendance directe.

1° de la santé de la poule,
2° du milieu extérieur,
3° des soins.

Nous avons vu que, parmi les matières alimentaires absorbées, les principes albuminoïdes servent à faire des tissus, des muscles et que les graisses et hydrates de carbone sont des générateurs de chaleur, que pour remplir une tâche efficace, la ration doit être balancée c'est-à-dire que le rapport adipo-protéïque doit être convenable.

Si les albuminoïdes sont en excès, la ration n'est plus balancée, il y a manque de matières grasses; les matières vitellines riches en graisses, sont réabsorbées pour combler le vide et la ponte cesse.

Si les matières grasses et hydrocarbonées (ces dernières se comportant comme les premières) sont en trop grande quantité, il y a dépôt de graisse dans les tissus, cette graisse exerce une pression sur les glandes et la ponte cesse. On constate qu'il y a excès de graisse lorsque les os pelviens en sont chargés ou trop chargés.

De plus, par un léger accroissement temporaire des matières albuminoïdes dans la ration, la ponte augmente momentanément. Une insuffisance ou un excès la fait cesser.

Par un léger accroissement des matières grasses ou hydrocarbonées la ponte augmente momentanément. Une insuffisance ou un excès la fait cesser.

Si la ration est trop abondante il se produit un accroissement de production, mais cet accroissement est temporaire et bientôt la ponte tombe plus bas qu'au point d'origine.

L'influence de la composition de la ration ainsi que de sa quantité est donc énorme.

La présence de vitamines, de verdures et de matières

minérales est indispensable à une bonne ponte. Leur in~
suffisance ou leur excès la fait diminuer ou cesser.

INFLUENCE DE L'ALTITUDE, DE LA LUMIÈRE, DES EXCITANTS

L'altitude et la température, si elles ne dépassent pas
un certain degré, sont des stimulants. Elles dilatent les
capillaires, accroissent la circulation sanguine qui apporte
plus rapidement à tout le corps en général et aux occytes
en particulier les éléments nécessaires à leur fonctionne-
ment et à leur développement.

Les vallées sont énervantes ; les hauteurs sont stimu-
lantes jusqu'à 200 mètres, la ponte y est meilleure. Au
dessus de 300 mètres il y a une diminution de la fécondité. Si l'on transporte des volailles d'une vallée sur
une hauteur non supérieure à 400 mètres, la ponte est
augmentée. L'inverse se produit dans le cas contraire.

Un accroissement de température augmente la production. C'est en partie pour celà que la ponte augmente
au printemps. Un grand accroissement de chaleur ou un
très grand froid la fait diminuer. Dans le régime de la
claustration, la poule souffre moins du froid qu'en liberté,
en hiver. Et c'est une des raisons pour lesquelles la poule
qui est soumise pond mieux.

On ne peut cependant sacrifier les conditions d'hygiène
pour donner une plus grande chaleur aux volailles (poulail-
lers-caves, poulaillers contenant du fumier, poulaillers peu
ventilés). Le Dr Waldorf a obtenu, dans des poulaillers chauffés une ponte moyenne de 10 œufs par poule
et par semaine. Cependant une gelée sèche est un stimu-

lant appréciable de la ponte, grâce à l'activité sanguine qu'elle cause.

La lumière brillante augmente la production. Une volaille transportée d'un volailler clair dans un autre obscur voit sa ponte diminuer. L'inverse se produit dans le cas contraire.

Les excitants de la ponte ont aussi une grande influence sur la fécondité : leur usage momentané l'augmente. Continu, il la diminue, causant une dégénérescence des organes de reproduction (ovaire).

L'humidité est pernicieuse pour la ponte, ainsi que le vent. En claustration, les volailles sont à l'abri des intempéries et pondent davantage.

La fécondité acquise due à toute les choses, que nous venons d'énumérer ne s'applique directement qu'à l'individu et non à la lignée. Elle n'est pas héréditaire et ne se transmet pas à la descendance. L'École néo-lamarkienne prétend que la fécondité acquise est héréditaire ; nous en attendons la preuve. Au bout de plusieurs générations étroitement consanguines il peut se produire une amélioration, consolidée par des apports de sang approprié : mais cette amélioration ne résistera pas lorsque les soins voulus cesseront d'être donnés ou que la consanguinité sera telle que l'oiseau sera affaibli ou que l'on fera sans soins spéciaux un apport de sang étranger.

Ne considérons donc les changements acquis que comme éphémères et ne touchant que l'oiseau seul qui y est soumis.

La ponte d'une volaille dépend aussi :

A. De caractères inhérents à la volaille elle même mais modifiables dans une certaine mesure. Ce sont :

    1° La mue,
    2° L'aptitude à la couvaison.

B· De soins spéciaux donnés par l'aviculteur. Ce sont:
1· La douceur de l'aviculteur et la régularité de ses soins,
2· La tranquillité de la volaille,
3· La longueur des jours.

C. Des caractères inhérents à la volaille et non modifiables.

L'âge

Les deux premiers caractères (mue et fièvre d'incubation) sont modifiables dans une certaine mesure et cette modification peut être provoquée par des soins spéciaux, aussi leur étude est bien à sa place dans ce chapitre.

LA MUE

Le renouvellement du plumage de la volaille ou mue se produit chez les adultes vers la fin de l'été ou le commencement de l'automne. Elle peut cependant se produire à tout autre moment. Elle est accompagnée, sauf dans de rares exceptions, de l'arrêt de la ponte. Ce n'est pas la mue qui provoque l'arrêt de la ponte mais cet arrêt qui entraine la mue à sa suite: les matières alimentaires n'étant plus employées pour faire des œufs le sont pour fabriquer de nouvelles plumes.

D'après "Hints to poultry men" publiés par New Jersey Expériment station, la mue des sujets en croissance se produit entre la 4· et la 13· semaine (renouvellement des plumes des ailes). Après la 13· semaine aucun changement ne se produit avant que l'oiseau n'arrive à maturité, époque à laquelle a lieu le renouvellement total du plumage.

PROCESSUS DE LA MUE

Voici dans quel ordre la mue se poursuit :

D'abord les plumes de la nuque, du cou tombent et sont remplacées les premières. Puis viennent celles du corps, de la queue et des ailes. En cas de mue tardive le processus est plus rapide et parfois incomplet, c'est-à-dire que de vieilles plumes restent en place. Tantôt les plumes tombent tout d'un coup et la volaille est presque nue; tantôt elles tombent par sections entières et chaque partie du corps se dénude successivement; tantôt les plumes tombent une à une, lentement et la volaille n'en est pas affectée : sa ponte continue.

La saison et le climat ont une certaine influence sur la mue, mais les études faites à ce sujet n'ont pas encore pu donner de règles précises. On peut cependant affirmer – et ceci a une très grande importance pour la sélection – que la mue qui commence tôt dure très longtemps et rend pour de longs mois la poule improductive: en effet, la température est telle au début de cette mue que la poule n'a pas besoin de plumes nouvelles et ne se presse pas à se confectionner son manteau d'hiver. Par contre, quand elle se produit tard, au début de l'hiver, elle est courte. En général, d'après les études faites à Cornell University, il faut trois mois pour que le plumage soit renouvelé complètement.

L'irrégularité de la mue a suggéré la possibilité de la régler. Il y a des poules qui muent en juin alors que d'autres conservent leur vieux plumage tard en hiver. On peut avancer ou retarder la mue, et nous espérons fixer des lignées chez lesquelles la mue se fera si lentement que l'animal n'en souffrira pas et que la production d'œufs ne sera pas arrêtée.

La trop grande chaleur, le manque ou l'excès d'exer-
cice peuvent avancer la mue.

EFFET DE LA MUE
SUR LA PRODUCTION

Si nous faisons à un moment quelconque de l'année,
mais surtout après avril cesser la ponte, la mue se produit fatalement. Pour provoquer la mue, il suffit de diminuer la valeur nutritive ou l'importance de la ration
de 1|3, ou parfois de changer les volailles de poulailler,
en un mot de faire quelque chose d'irrégulier.

On a pensé que, si l'on provoquait la mue en été,
au moment où les œufs sont le moins cher, les poules
en pondraient davantage en hiver, la mue une fois faite.
On a donc pratiqué la mue forcée. Or ce procédé n'a
donné aucun avantage. la mue a été de plus longue durée : les volailles ont été affectées par cette contradiction
brutale à leurs lois naturelles, leur état de santé s'en
est ressenti et les germes qu'elles devaient donner au
printemps suivant furent moins vigoureux. Mieux vaut
canaliser, diriger ces lois naturelles que les enfreindre.

Sous notre climat, nous pouvons considérer la mue en
juillet-août comme trop précoce, celle qui se produit en
septembre-octobre comme normale et celle d'octobre-no-
vembre comme tardive.

La poule qui mue tôt ne donne pas seulement la plus
mauvaise production mais encore les plus faibles em-
bryons au printemps suivant.

Celle qui a une mue normale donne moins d'œufs que
celle qui mue tardivement mais ces œufs contiennent en
janvier-février suivant les meilleurs germes. Celle qui mue
tard donne la meilleure production d'œufs mais en janvier-février ses germes ne sont pas très vigoureux, ils

ont toute leur force en mars-avril. On écartera impitoya-
blement du nombre des reproductrices les volailles qui
muent tôt.

COMMENT JUGER DE L'ÉTAT D'AVANCEMENT DE LA MUE D'UNE VOLAILLE
CORRÉLATION ENTRE LA DURÉE DE LA MUE ET DE LA PRODUCTION

Une conférence du Dr O. B. Kent de Cornell
University à Cornel Judging School nous donne d'inté-
ressants détails concernant la progression suivant laquelle
la mue des ailes se fait.

Tablant sur la nécessité devant laquelle les oiseaux
sauvages, pour échapper à leurs ennemis, doivent pouvoir toujours fuir par le vol, on a pensé que la mue des
ailes était lente et progressive, et que par l'examen de
l'aile, il était possible de se rendre compte de l'état d'a-
vancement de la mue.

Prenons une volaille et d'une pression du pouce sur
les os métacarpiens, écartons les rémiges primaires. Nous
en comptons 10, la première étant du côté des rémiges
secondaires et la dernière vers l'extérieur. Numérotons les
par la pensée de une à dix.

Les plumes tombent dans l'ordre que nous venons
d'indiquer : de une à dix. La chute d'une plume se fait
à la fois sur les deux ailes. Il tombe une plume toutes

les deux semaines et une plume met six semaines pour atteindre son développement complet. Dans un délai de 24 semaines, toutes les plumes sont tombées et renouvelées. Les plumes nouvelles se distinguent des vieilles par leur apparence propre et neuve.

Appliquant ces règles, il est possible de dire, en examinant une aile en mue, depuis quand la mue est commencée et quand elle finira.

Si la poule présente une aile qui montre deux plumes nouvelles entières, la troisième aux deux tiers de son développement, la quatrième au tiers, 6 vieilles plumes sont intactes. Nous disons :

La plume No 1 a mis six semaines à repousser, mais la No 2 est tombée ainsi que la troisième et la quatrième. Ces trois plumes ont poussé pendant un délai de 2 + 2 + 2 + 2 semaines. La mue dure depuis 8 semaines. Il reste encore six plumes à tomber dont la 5ᵉ immédiatement puisque la 4ᵉ est au tiers de son développement. La dixième plume sera tombée dans dix semaines, mais comme elle met six semaines pour repousser complètement, la mue sera terminée dans 16 semaines. En tout elle aura duré 24 semaines, Disons que la plume du vol a une mue si lente qu'elle seule n'affecte pas la ponte.

Toutes les rémiges primaires peuvent ne pas être renouvelées : ce sont celles des meilleures pondeuses. N'oublions pas non plus que même arrêtée, la ponte peut reprendre pendant la pousse des dernières plumes.

Enfin, pour illustrer la corrélation qui existe entre le nombre d'œufs pondus dans la première année de ponte et la durée de la période de repos (mue) nous donnons ci-dessous le résultat d'une étude qui fut faite à la station expérimentale américaine de New-Jersey (Amérique), sur des poulettes dont la mue fut contrôlée du 1er juin au 1er novembre. Il s'agissait de 532 leghorns blanches.

Poules	s'étant reposées de (jours)	ont pondu	de	à
2 poules	121 à 130		91	et 120
4	111 à 120		de 91	à 150
10	101 à 110		91	150
21	91 à 100	2	91	90
		6	91	120
		6	121	150
		5	151	180
		2	181	210
26	81 à 90	2	61	90
		4	91	120
		13	120	150
		4	151	180
		3	181	210
26	71 à 80	1	31	60
		1	61	90
		4	91	120
		6	121	150
		8	151	180
		6	181	210
86	61 à 70	1	31	90
		8	91	120
		14	121	150
		47	151	180
		15	181	110
		1	211	240
135	51 à 60	1	61	90
		8	91	120
		29	121	150
		56	151	180
		36	181	210
		8	211	240
44	41 à 50	3	91	120
		3	121	150
		18	151	180
		15	180	210
		5	211	240
20	31 à 40	6	121	150
		5	151	180
		3	181	210
		5	211	240
		1	240	270
46	21 à 30	4	121	150
		9	151	180
		20	181	210
		13	211	240
35	11 à 20	3	91	120
		17	151	180
		15	181	210
		9	211	240
		5	241	270
56		2	151	180
		17	181	210
		26	211	240
		9	241	007
		2	221	730

De ceci il se dégage que les volailles qui ont fait les
meilleurs records sont celles qui ont eu le temps de repos
le plus court; que l'on a nourri du premier juin au premier octobre un très grand nombre de têtes inutiles que
le pourcentage de ponte était de ce fait, malgré de bonnes pondeuses, assez bas, et que par conséquent la moyenne générale du poulailler était peu élevée. Mais quelle aurait été cette moyenne si les poulettes en mue avaient
été éliminées! Les bénéfices donnés auraient pu être dou-
blés!

Notez que parmi ces poulettes, les unes ont fait d'assez bons records tout en ayant un temps de repos assez
long, mais d'autres avec un temps de repos assez court
ne sont pas parvenues à de hautes pontes : c'est que ces
poulettes avaient de forts mauvais cycles de ponte et un
non moins mauvais rythme, ou bien qu'elles n'ont pas
pondu un seul œuf en hiver. Or, les premières doivent
être éliminées avant que leur note de nourriture ne soit
trop forte, quant aux secondes, les méthodes d'élevage
moderne devaient les éliminer. Aussi bien nous vous avons
donné une manière sûre pour les trier et les éliminer
avant leur entrée dans le poulailler de ponte. On peut
évidemment commettre des erreurs, mais moins colossales
que celles enregistrées dans les statistiques que nous venons de vous donner.

Ne laissez donc pas dans vos poulaillers de volailles
ayant cessé de pondre; suivez nos conseils pas à pas, ce
sont les meilleurs que vous puissiez trouver aujourd'hui
en langue française.

— NOTA —

Lorsque les poules ou poulettes sont en mue, que ce soit
avec ou sans lumière, il importe de tenir les coqs loin
d'elles, afin que ceux-ci ne les tourmentent pas et ne leur
abîment le dos.

LE DESIR DE COUVER

Le désir de couver est différent suivant les races; mais dans une race donnée, il est différent suivant les individus et suivant leur âge. Les soins de l'aviculteur peuvent avoir une grande importance sur les manifestations de ce désir qui lui cause une grande perte : c'est ainsi qu'un défaut de ventilation du poulailler, une diminution de la ration comme quantité, richesse, etc. peuvent faire naître le désir de couver.

En effet, non seulement la volaille qui désire couver ne pond plus, mais encore elle réclame des soins spéciaux qui demandent une perte de temps c'est-à-dire d'argent.

On a reconnu que les volailles qui couvent pondent ensuite plus tard en saison; de ce fait, on a conclu que la perte n'était qu'apparente. Pour affirmer ceci, on n'a pas réfléchi à ce que nous rappelons encore : la facture du marchand de nourritures. Si une poule est un mois sans pondre (en supposant qu'elle n'élève pas ses poussins, c'est 3 francs qu'elle a coûté en plus. Comment doit-elle faire pour récupérer cette somme ? Notons que cet arrêt de ponte provoque souvent la mue.

Lorsqu'une poule se met à couver, non seulement elle ne rapporte plus mais elle se met en dette.

Des études faites au 6ᵉ concours de ponte de Mountain Grove (Missouri), permettent d'affirmer que lorsque la poule est assez rapidement découvée, c'est-à-dire lorsqu'on lui fait abandonner suffisamment vite son désir de couver, et lorsqu'elle reçoit ensuite les soins nécessaires, sa production annuelle ne paraît pas diminuée elle semble même augmentée : l'oiseau prend évidemment un temps de repos mais continue sa ponte ensuite.

D'autre part si des races sont plus couveuses que d'autres, on trouve, dans chaque race, des individus qui couvent moins ou se découvent plus rapidement, ou qui même ne demandent pas à couver.

Petit à petit, au fur et à mesure que la sélection progresse, le désir de couver devient une question de lignée plutôt que de race. L'avantage de l'aviculteur est d'éliminer du troupeau de reproducteurs toute poulette qui a demandé à couver une fois d'octobre à mars et toutes celles qui ont été sujettes longtemps ou à intervalles répétés à ce désir.

New-Jersey Experiment Station nous donne le résultat de ses études à ce sujet :

1° Il y a une corrélation entre le nombre de poulettes et de poules ayant demandé à couver et le bénéfice réalisé par l'aviculteur : moins ce nombre est grand et plus le bénéfice est élevé.

2° Le nombre de poules demandant à couver est plus élevé dans la première année de ponte que dans la seconde :

	1° Année		2° Année	
R. I. R.	78,8 pour cent.			71,2
Wyandottes	78,6	—	—	65,3
Plymouth Rocks	67,1	—	—	61,2
Leghorns	12,8	—	—	10,3

3° Le nombre de jours perdus par la volaille à cause du désir de couver est plus élevé dans la 2° année que dans la première, sauf pour les wyandottes.

Races	jours perdus	jours perdus
R. I. R.	1° année 20,3	2. année 24,5
Wyandottes	— 23,3	— 21,4
Plymouths	— 16,2	— 18,8
Leghorns	— 1,5	— 2,9

D'où il résulte : 1° Que les poulettes se découvent plus facilement que les poules. 2° que le nombre d'œufs pondus, sans considérer la ponte d'hiver, est plus élevé dans la première année de ponte que dans la seconde. Nous verrons les autres causes qui font que le nombre d'œufs pondus est moins fort dans la seconde année de ponte que dans la première et que la production va en décroissant au fur et à mesure que l'oiseau vieillit. Nous en tirerons des déductions au sujet du temps pendant lequel l'aviculteur avisé doit conserver ses pondeuses.

COMMENT DECOUVER LA VOLAILLE

Les procédés sont multiples mais tous ont ceci de commun : changer la pondeuse de milieu, la distraire, la nourrir à force.

CHANGEMENT DE MILIEU. — Ne pas laisser les volailles avec les autres, les isoler dans des cages aérées, en plein air si possible, l'empêcher de s'accroupir (larges bagues couvrant le tarse et la cuisse ou large ligature de bandes d'étoffe); bain d'air (plancher de la cage à découver à claire-voie, lier les deux ailes au-dessus du dos avec un lien épais pour ne pas blesser.

DISTRACTION : Mettre avec les volailles un coq ardent qui ne les laisse pas en repos. Ce coq doit avoir les ongles coupés et limés afin que la volaille ne soit pas blessée.

ALIMENTATION 1° jour, purgation au sel d'Epsom,

2° jour : nourriture stimulante pour provoquer la formation d'œufs : grain, maïs concassé et sarrazin, avoine germée ; pâtée humide et sèche en poids :

rebulet, 1 p.

maïs broyé, 1 partie.
farine de poisson, 1|2 p.
— viande, 1|2 p.
coquillages d'huîtres, 1|4 p.
poudre à faire pondre, 5 p. 100

LA PONTE DEPEND DE LA LONGUEUR DES JOURS

Ce sujet sera étudié dans le chapitre spécial traitant de la lumière artificielle. Disons maintenant que cet emploi augmente dans de grandes proportions la quantité annuelle d'œufs pondus et surtout la production d'œufs d'hiver que son emploi est facile et récompense largement le supplément de travail et de dépense, qu'il est aujourd'hui à la portée de tous.

DANS UNE RACE DONNÉE, LA PONTE DÉPEND DU POIDS DE LA PONDEUSE

Nous avons vu qu'il existe un rapport entre l'aptitude à la grande ponte et le poids de la volaille de race pure, que les races légères doivent peser entre trois et quatre livres anglaises (450 gr), tandis que les races lourdes doivent faire de 5 à 6 livres anglaises dans leur première année de ponte. Ces poids sont évidemment augmentés au fur et à mesure que les poulettes vieillissent, ils s'appliquent à la moyenne de poids de la première année de ponte (octobre à octobre). Ce poids est assez bien représenté par celui de la poulette vers le premier janvier. Il s'agit, bien entendu de volailles nées en bonne saison.

Il est intéressant de savoir, que durant une saison de ponte le poids d'une volaille n'est pas immuable. Il augmente dans toutes les races mais il augmente dans des proportions d'autant plus considérables que la volaille est d'une race plus lourde.

Les enseignements d'un concours de ponte à New-Jersey nous apprennent que :

De septembre à mars pour les races lourdes, de novembre à janvier pour les races légères, une grande augmentation de poids se produit. Le poids devient plus élevé qu'il n'a jamais été, il atteint la seconde saison de ponte 4 l. 2|5 pour les leghorns, 6 l. 2|5 pour les wyandottes, 6 l. 3|5 pour les R. I. R., 6 l. 3|5 pour les plymouths. Puis une courbe descendante se produit ensuite pour remonter en juillet, alors que la ponte diminue. Ceci nous montre que les diminutions de poids correspondent aux période de grande ponte, que pour pondre beaucoup, la poule doit avoir de quoi maigrir, c'est-à-dire être en assez bonne condition pour maigrir sans danger pour sa santé, que pendant la période décroissante, si l'on nourrit trop fort, la poule utilisera l'excès de nourriture à faire des tissus graisseux et sera à la saison suivante en mauvaise condition de production. On devra s'inspirer de ces constatations pour bien conduire ses troupeaux.

LA PRODUCTION
EST SOUS LA DÉPENDANCE DES CYCLES ET DU RYTHME DE PONTE

En consultant les relevés de ponte dus aux nids-trappes, on constate que des volailles pondent leurs œufs d'une manière régulière : par exemple, elles pondent trois jours de suite. Le nombre d'œufs pondus sans un jour de repos s'appelle le cycle de ponte ; la répétition (plus ou moins régulière) des cycles s'appelle le rythme.

Le rythme peut être régulier ou irrégulier : chez une même pondeuse les cycles successifs peuvent être de 2, 5, 1, 3, 2, œufs par exemple. Le rythme dans ce cas, est irrégulier.

Il peut être régulier : 3, 3, 4, 4, 3, 4, 3, 4. 3, 3, etc. Les temps de séparation sont aussi égaux.

De l'étendue du cycle et de la régularité du rythme dépend le nombre d'œufs pondus pendant une saison de ponte. La régularité du rythme a plus d'importance que l'étendue du cycle ; une volaille peut pondre 60 œufs sans arrêt et être une mauvaise pondeuse, elle peut ne jamais pondre plus de trois œufs dans un même cycle et être une pondeuse excellente.

De l'étude du cycle et du rythme de la ponte d'hiver d'une poulette. d'octobre à février on peut prévoir approximativement le nombre d'œufs qui seront pondus pendant la saison entière, si les conditions sont invariables.

La carte de ponte que nous donnons en gravure représente la ponte d'une poulette à New-Jersey Laying Contest (Concours international de ponte et d'élevage sur trois années, du Vineland, Amérique). Son étude nous montre que les cycles sont excellents et que le rythme est fréquent et uniforme. Remarquons que la ponte totale a été de 231 œufs pendant le concours, que la poulette a été reconnue en mue le 15 août, 18 jours après la ponte du dernier œuf ; que son repos n'a duré que 52 jours ; que dans sa deuxième saison de ponte les cycles ont été moins étendus (encore une raison pour laquelle la ponte de seconde année sera moins

forte que celle de première année). Ce cours contient
une carte individuelle de contrôle de ponte pour un seul
sujet, établie par nous et en service dans de grands élevages français et étrangers. Un trait dans la case ad-hoc
indique la ponte d'un œuf, un œuf à deux jaunes est
marqué d'une croix et compte pour deux car deux ovu-
les sont arrivées ensemble à maturité. Nous employons
ces cartes individuelles dans notre station expérimentale.

VINELAND INTERNATIONAL EGG LAYING AND BREEDING CONTEST
New Jersey Agricultural Experiment Station
NOVEMBER 1, 1916 - OCTOBER 31, 1916

VARIETY S.C. White Leghorns.   RECORD 1 st Year   PEN NO. 88

OWNER J. Percy Van Zandt.   BAND NO. 890

OWNER'S ADDRESS Blawenburg New Jersey.   OWNER'S NO. 88

19	TOTAL MO	TOTAL TO DATE
NOV.	23	23
DEC.	22	45
JAN.	19	64
FEB.	18	82
MAR.	25	107
APR.	23	130
MAY	26	156
JUNE	24	180
JULY	25	205
AUG.	1	206
SEPT.	6	212
OCT.	19	231

DATE	WEIGHT	DATE	WEIGHT	REMARKS
NOV. 1	3.4	JULY 1	3.6	Moult Sept. 1st.
JAN. 1	3.4	SEPT. 1	2.0	
MAR. 1	3.0	OCT. 31	3.6	
MAY 1	3.6			

Notre pratique des nids-trappes nous a montré avec
certitude que dans un même cycle, l'heure de la ponte
nous donne avant que le cycle ne soit terminé, une idée
approximativement juste de ce que sera l'étendue du cycle et le rythme.

Par exemple, si une poule pond un œuf tous les
deux jours, l'heure de sa ponte peut être 10, 11, 10,
11, etc. Si elle pond deux œufs suivis d'un jour de repos, le premier sera pondu le matin et le second l'après

midi. Si le cycle est étendu la poule pond de plus en plus tard, sauf de petites exceptions : 8, 9, 10, 10, 10, 9, 10, 15, 11, 11, 14, 14, 16, 0.

Qu'en déduisez-vous ? Que de mauvaises volailles mettent 48 heures pour faire un œuf, que d'autres en mettent 36, les meilleures de 24 à 30.

Il est intéressant de remarquer que lorsqu'un aviculteur visite ses nids-trappes, il trouve parfois une volaille qui n'a pas pondu et qui cependant n'a pas l'œuf. Pourquoi ce fait ?

Remarquons qu'il est des poules qui ne pondent jamais et qui cependant visitent les nids suivant un rythme ; remarquons aussi que lorsqu'une poule en ponte prend son jour de repos, elle visite souvent le nid, ce jour de repos, à la même heure à peu près qu'elle a pondu le dernier jour de son dernier cycle. (Persistance des habitudes). Mettons encore sur le compte de la persistance des habitudes le fait que chaque poule préfère pondre dans tel nid plutôt que dans tel autre et que pour cette raison le nombre des nids, surtout des nids-trappes doit-être assez élevé (un nid pour 2 à 3 pondeuses).

COMMENT JUGER SI UNE POULE A UN OEUF A PONDRE

Nous ne parlons pas du doigt, même vaseliné introduit dans le cloaque. C'est un procédé à rejeter parce qu'il risque de blesser la volaille, qu'il est lent et malpropre.

Le moyen le plus pratique consiste à saisir la volaille de la main gauche, en passant une cuisse entre l'index et le majeur réunis et l'annulaire. C'est d'ailleurs ainsi que l'on tient une volaille, non en prenant les pattes à pleine main comme un manche d'outil. Le dos de la volaille est tourné vers vous, l'anus vers votre droite. Avec le pouce de la main droite, vous exercez une pression sous l'os pelvien, en son milieu, la paume de la main contre l'anus. En même temps les quatre autres doigts vont sentir l'œuf de l'autre côté. sous l'autre os en lamelle. Un aviculteur habitué peut ainsi tâter plus de trente poules à la minute, quand on les lui passe rapidement.

Ce procédé ne peut remplacer le nid-trappe : la capture des volailles les effraie toujours et nuit à la ponte ; d'autre part une poule peut avoir l'œuf tel jour et ne pondre que le lendemain matin, après la visite ; ensuite il faut être assez matinal pour faire ce contrôle avant le début de la ponte.

VARIATIONS DU VOLUME ET DU POIDS DES ŒUFS

Le volume et le poids des œufs augmentent dans un même cycle jusqu'au delà du milieu de ce cycle pour diminuer ensuite. Le poids d'un œuf d'une même poule augmente depuis le début de la saison de ponte jusqu'au milieu de la grande ponte pour diminuer légèrement ensuite ; cet accroissement est surtout important pour les poulettes, et est d'autant plus élevé chez les sujets de 12 à 15 mois que pour les poulettes plus jeunes et ce poids reste plus élevé. Les œufs de seconde année de ponte sont plus gros et plus lourds que ceux de première année.

LA FÉCONDITÉ DEPEND DU BASSE-COURRIER

La ponte dépend du basse-courrier, de la régularité de ses soins, de la continuité des mêmes habitudes.

Elle dépend de la douceur de l'aviculteur. La poule si peu intelligente qu'elle puisse paraître, a une grande mémoire et des nerfs d'une sensibilité extrême. Sensible à la douceur elle s'apprivoise facilement et rend son maximum quand elle est traitée avec sollicitude, caressée, jamais brutalisée. Il est de votre intérêt d'exiger de votre personnel une douceur très grande et constante ; un ouvrier brutal peut vous faire perdre chaque année une somme considérable.

Elle dépend de la régularité des soins, car tout changement, même léger affecte la pondeuse et se traduit par une diminution ou un arrêt dans la production, suivi d'une mue. Ne modifiez les rations que très lentement, ne changer de poulailler les volailles en production sous aucun prétexte sauf désir de couver.

Elle dépend de la continuité des mêmes habitudes : régularité dans la répétition des mêmes gestes, des mêmes paroles de l'aviculteur, de son habillement même. Nous avons nous-mêmes contrôlé ces choses une année entière sur des centaines de volailles : à plusieurs reprises nous avons changé le personnel faisant le contrôle aux nids-trappes : chaque fois que l'ouvrier était remplacé, la ponte diminuait de 5o pour cent pour ne se relever que lentement. Lorsque vous devez remplacer l'ouvrier chargé de donner des soins aux mêmes volailles, obligez le deuxième ouvrier à s'habiller de la même façon que le premier ; donnez-leur des blouses d'une seule couleur, par exemple, qui restent la propriété de votre établissement. Ne tolérez aucune entrée de personnes étrangères dans vos poulaillers, ce qui est tout-a-fait désastreux. La grande pondeuse est une névrosée, ménagez ses nerfs.

LA PONTE DÉPEND DE L'AGE DE LA VOLAILLE

Etudions : 1° la date de la ponte par rapport à la date de la naissance, sa continuité et sa valeur, 2° la continuité et la valeur de la ponte des différentes années de ponte comparées entre elles.

LA DATE DE LA PONTE PAR RAPPORT A LA DATE DE NAISSANCE SA CONTINUITÉ, SA VALEUR

Naissances précoces

Lorsqu'une poule est née avant la saison propice, en Janvier-Février pour les races légères et demi-lourdes en Janvier pour les races lourdes, la ponte est souvent trop précoce. Elle vient souvent, à moins de soins spéciaux destinés à la retarder, avant que l'oiseau n'ait pris son développement complet. L'animal peut donc être physiquement en état d'infériorité, pour lui-même et pour sa descendance. Ces œufs peuvent être plus petits.

En outre, de tels oiseaux font généralement une mue en octobre et novembre ou novembre et décembre. Ils ne reprennent leur ponte qu'en fin décembre ou janvier, c'est-à-dire au moment où les œufs diminuent de prix.

Si un aviculteur avait pour principe de mettre couver trop tôt ; il sacrifierait une grande part de ses bénéfices : nourriture des sujets, 11 et 12 mois, production 3 mois pour la 1ʳᵉ année de vie. La ponte de ces sujets ne peut entrer en ligne de compte pour la sélection des pondeuses : la fécondité acquise influençant beaucoup la fécondité innée. Tout au plus pourrait-on comparer entre eux de tels oiseaux nés et élevés ensemble, les résultats ne seraient encore que très approximatifs.

Certains éleveurs américains font cependant naître jusqu'au tiers de leur troupeau avant la période normale: ce sont ceux qui sont engagés à livrer un nombre fixe d'œufs de consommation chaque jour ; la ponte des oiseaux précoces commence au moment où celle des adultes diminue, soit dès juillet. Ces aviculteurs "balancent" leur production, c'est-à-dire rendent les écarts entre les productions saisonnières moins considérables.

Les poulettes nées trop tôt en saison et ayant passé une mue complète lorsque l'époque de la reproduction est arrivée font d'aussi bonnes reproductrices que les poules de deux ans, le contrôle de ponte en moins. Les aviculteurs créateurs de lignées de pondeuses ne peuvent s'en servir que comme un "trapped-females" (non trappnestées) comme base de départ . (Voir leçon spéciale sur ce sujet).

Comme avant la saison de grand élevage les œufs à couver, les poussins sont meilleurs et qu'ainsi, dans la constitution des reproducteurs destinés à la création d'un troupeau de pondeuses, on gagne un an, nous comprenons que le public pressé use de ce procédé, quitte plus tard à l'abandonner.

Lorsque l'été est arrivé, ces poulettes ayant eu un repos de deux mois en hiver peuvent prolonger leur ponte, parfois un peu plus tard que celles qui, nées en bonne saison, ont commencé leur ponte en octobre ou novembre. On ne doit pas en déduire qu'elles sont en elles mêmes de meilleures pondeuses et on ferait une lourde erreur si, en sélectionnant le troupeau d'après la persistance de la ponte automnale, on les comparait à celles nées en bonne saison. Il ne faut comparer entre eux que des animaux nés et élevés dans les mêmes conditions.

NAISSANCES EN BONNE SAISON

Ce sont les naissances en février-mars pour les races lourdes, en mars et avril pour les races demi-lourdes, en avril et mai pour les races légères. Traitées convenablement, ces volailles doivent commencer leur ponte vers le premier octobre, vers le premier novembre au plus tard. Cette date dépend évidemment du climat, de la latitude. Disons : à l'approche des froids. En octobre, chez nous est préférable. Les volailles doivent pondre sans arrêt jusqu'à la fin de l'été suivant.

Une volaille qui aurait donné 250 œufs d'octobre à octobre doit être préférée à une autre qui en aurait donné 260 d'octobre à juillet, la persistance des cycles de ponte étant plus difficile à obtenir par sélection que l'accroissement de durée de chaque cycle.

D'autre part les volailles qui muent tôt font au printemps suivant les moins bonnes reproductrices.

Ce sont les pondeuses nées en bonne saison qui rapportent le plus de bénéfice à l'aviculteur. La première année, elles peuvent pondre 3 mois pour de 10 à 11 mois de vie (races lourdes) ou pour de 10 à 9 mois de vie (demi-lourdes) ou pour de 9 à 8 mois de vie (légère).

C'est à six mois qu'une poulette de race légère doit

commencer à pondre à 7 mois si elle est de race demi-
lourde et à 8 mois si elle est de race lourde manquant
de précocité.

Nous vous rappelons encore que l'aviculteur doit comp-
ter, que son bénéfice est constitué par la différence entre
l'argent récupéré et l'argent dépensé. En ce qui concerne
les dépenses la plus grosse part incombe naturellement
à la facture des nourritures.

NAISSANCES TARDIVES

Au point de vue ponte, au point de vue reproduction,
au point de vue fixité des caractères de ponte, vigueur
et rusticité, résistance aux maladies, les volailles nées
tardivement ne valent rien. On ne saurait trop insister
sur ce point et nous aimons à croire que nos élèves jus-
tifieront de la compréhension de leur intérêt et n'en faisant point pour eux-mêmes et qu'ils montreront que la
plus grande probité commerciale préside à toutes leurs
transactions en n'en faisant point pour la vente, le public
ignorant généralement que les poulettes et coquelets d'ar-
rière-saison n'ont aucune valeur. Des aviculteurs américains proclament bien haut : What is not good enough
for ME is not good enough for me to sell to YOU;
c'est-à-dire : ce qui n'est pas assez bon pour moi n'est
pas assez bon pour que, moi, je vous le vende, à vous.

Nous sommes encore loin, en France de l'application
intégrale de ce précepte, qui devrait être inscrit sur la
porte de tous les aviculteurs. . . . Au contraire, combien
de Grands Etablissements conservent tout ce qu'ils ont
fait naître en bonne saison pour vendre les retardataires?
Ils sont beaucoup trop nombreux; faites leur la guerre
vous rendrez service aux acheteurs et au public avicole
en général.

Si l'aviculteur veut absolument travailler en arrière saison, qu'il fasse du poulet de consommation; ses appareils ne resteront pas inutiles, son personnel et son terrain seront employés. Mais nous sommes convaincus qu'il ne le doit pas faire sur une grande échelle afin de ne rien négliger. D'autre part, si les terrains se reposent ce ne sera pas un mal, au contraire : nous ne saurions trop l'engager à laisser les parquets vides d'animaux pendant un temps très long.

Les coquelets devront tous être nés de un à plusieurs mois avant les poulettes si vous désirez les employer l'année suivante ou les offrir pour la reproduction : Ne mettez en reproduction que des coqs de 11 à 12 mois au moins.

CONTINUITÉ & VALEUR DE LA PONTE DES DIFFÉRENTES ANNÉES DE PONTE D'UNE VOLAILLE COMPARÉES ENTRE ELLES

On appelle année ou saison de ponte la période qui s'écoule depuis la ponte du premier œuf (poulette), du premier œuf après la mue (poule) jusqu'à ce que la ponte cesse et que la mue arrive, ce dans une limite de 12 mois. Nous avons vu que ce n'est pas l'approche de la mue qui fait cesser la ponte mais que c'est la cessation de la ponte qui provoque la mue. Normalement l'année de ponte est calculée à partir du 1ᵉ octobre ou du 1ᵉ novembre pour les poulettes de l'année.

Donc, lorsque vous lirez : poule ayant donné 215 œufs dans sa première année, lisez : dans sa première année de ponte.

La valeur d'une pondeuse dépend évidemment du nombre d'œufs dans sa première année de ponte.

Mais si la ou les années suivantes cette poule donnait

des résultats tels que son remplacement par une nouvelle poulette était inutile, l'aviculteur verrait son avantage accru.

Voyons ce qui est et ce qui peut être. Nous avons fait l'expérience suivante :

Avec des troupeaux commerciaux, c'est-à-dire non employés pour la création de lignées de forte pondeuses, 100 poulettes ont donné dans leur première année de ponte (de 6 mois à 18 mois) 18.200 œufs environ soit 182 par tête. La nourriture et l'entretien de ces volailles a coûté pendant ce temps 3.500 fr.

Ces 100 pondeuses ont donné dans leur deuxième année de ponte (de 18 à 30 mois) 15.000 œufs, soit 3.200 de moins que dans la première et la nourriture a coûté 4.400 fr. soit 900 fr. de plus.

Dans leur troisième année, la production a été de 11.500 œufs soit 6.708 de moins que dans la première et 3.500 de moins que dans la seconde. La nourriture a coûté 4.800 fr soit 1.300 fr. de plus que dans la première et 400 fr. de plus que dans la seconde.

De là nous déduisons : plus l'oiseau vieillit, moins sa ponte est abondante et plus sa consommation de nourriture est élevée.

D'autre part, nous pouvons affirmer que plus le troupeau est sélectionné (d'après les méthodes ordinaires de sélection qui ne font porter le contrôle que sur la première année) plus la différence entre la production des deux premières années s'accentue. Dans bien des cas, les poules de deuxième année de ponte ont pondu de 25 à 30 pour cent de moins que dans la première année alors que la consommation de nourriture a augmenté de 28 à 34 pour cent.

Devant ces faits, la ligne de conduite de l'aviculteur est la suivante : il ne conserve la deuxième année de ponte que les poules qui ont donné dans leur première année la production la plus élevée c'est-à-dire celles qui ont pondu en hiver, qui n'ont pas mué avant août. En seconde année de ponte, ces volailles, surtout avec l'aide de la lumière artificielle donneront des bénéfices appréciables encore.

On peut évidemment n'en conserver qu'un petit nombre, ou pas du tout.

Toutes les poulettes peuplant le poulailler de ponte peuvent donc être remplacées chaque année. Le prix de vente d'une poule ayant fini sa première saison de ponte paie la dépense d'élevage de sa remplaçante et l'on a, par ce procédé, des sujets plus forts et plus résistants.

On peut n'en remplacer qu'une partie : un aviculteur produisant les œufs de consommation à l'aide de poulaillers de 300, 500, 1.000 pondeuses vend les 6|10 d'entre elles et conserve le reste pour la ponte de 2ᵉ année, il emploie la lumière artificielle qui augmente considérablement la production d'hiver de seconde année.

Cependant on s'est préoccupé de sélectionner l'aptitude à la ponte sur plusieurs années, sur les deux premières surtout, afin d'essayer de réduire l'écart de production de ces années.

Si l'on arrivait à réduire considérablement l'écart de production entre les deux premières années et si en même temps, sur les mêmes lignées on pouvait faire continuer la ponte malgré la mue, on pourrait conserver dans leur deuxième année de ponte davantage de volailles. Le travail d'élevage, le nombre de salles d'élevage, le terrain seraient considérablement diminués.

C'est ainsi que dans certains élevages on continue de trappnester toutes les poules conservées. On arrive à des chiffres encourageants : 470, 480 œufs ont été pondus par certaines volailles dans leur trente premiers mois d'existence. Les volailles qui ont pondus malgré la mue doivent seules servir à ces créations, car il servirait peu de conserver une poule trente mois si cette poule ne devait pas pondre pendant deux hivers.

Cependant, nous pensons qu'avant d'entreprendre ce travail, il en est un autre plus important : celui qui consistera à débarrasser le marché des œufs dont le poids et le volume sont trop petits. Certaines races pondent presque constamment, pas toujours, des œufs trop petits.

Voici les " Legal weights of market eggs, state of Washington 1922". (Poids légaux des œufs au marché dans l'état de Washington en 1922). Ces lois sont les mêmes que dans l'état d'Orégon et qu'en Californie. N° 1. Aucun œuf ne doit être inférieur à 22 onces ou plus par douzaine soit 51 gr 25 par œuf et le poids moyen d'une douzaine doit être de 24 onces (56 gr de moyenne par œuf).
N° 2. Les œufs extra de poulettes ne doivent pas peser moins de 20 onces à la douzaine soit 46 gr 6 par œuf et aucun œuf ne devra peser moins de 34 gr 8.

Or, si en France on présentait au marché des œufs de 34 gr. 8, on commencerait par ne pas trouver d'acheteur et on aurait beaucoup de peine à vendre des œufs pesant 45 gr 6 et plus les deux tiers du prix des œufs de ferme.

Nous disons qu'un œuf marchand doit peser 55 gr et qu'il faut se rapprocher le plus possible de ce poids pour les œufs de poulettes. Ce, dès le début de la ponte. Dans la seconde année, de tels œufs dépasseront 60 gr. Remarquons que le coût de la nourriture d'une pondeuse dépend en partie de la taille de ses œufs et que nous n'avons pas intérêt à présenter sur le marché des œufs de 70 gr, parce que ceux-ci nous coûtent plus cher que ceux de 60 gr et que nous ne les vendons pas un prix plus élevé.

Questionnaire

1°. Montrez que le désir d'incubation et l'incubation naturelle causent un grand préjudice à l'aviculteur.

2°. Comparer 1° le nombre de poulettes et de poules demandant à couver (1° et 2° année de ponte), 2° le nombre de jours perdus dans chaque année de ponte.

3°. Comment découver une volaille

4°. Quelle modification de poids subit 1° une leghorn, 2° une wyandotte dans leur première année de ponte ?

5°. Qu'appelle-t-on cycle et rythme de ponte ? Leur influence sur le bénéfice final.

6°. Le facteur anatomique est-il le même pour toutes les poules ?

7°. Qu'est-ce que la fécondité innée ? la fécondité acquise ?

8°. Qu'est-ce que la réabsorption ?

9°. Enumérez toutes les causes tenant la fécondité acquise sous sa dépendance.

10°. Quelle affluence a l'altitude sur la production ?

11°. De quels avantages jouissent les poules claustrées, c'est-à-dire confinées constamment à l'intérieur du poulailler ?

12°. Qu'est-ce que la mue ?

13°. A quelle époque se produit-elle ?

14°. Une aile présente cinq plumes nouvelles complètes, la sixième aux deux tiers de son développement, la septième au tiers, la huitième tombée et non remplacée. Depuis combien de temps cette mue est-elle commencée ? Quand sera-t-elle terminée ?

15°. L'époque de la mue et la valeur reproductrice de l'oiseau ?

16°. Que pensez-vous de la conduite du poulailler de ponte comprenant l'élimination des pondeuses au fur et à mesure que la ponte cesse.

17°. La durée de la mue et la production d'œufs.

18°. Exercez-vous à juger si une volaille a un œuf à pondre ?

19°. Expliquez comment la production d'œufs est affectée par la nervosité de la pondeuse. Conséquences.

20°. A quelle date devez-vous faire naître les pondeuses ? A quelle date doivent-elles pondre ? Jusqu'à quelle date doivent-elles pondre et reprendre leur ponte ?

21°. Avantages et inconvénients des naissances précoces.

22°. Doit-on vendre et acheter des sujets nés tardivement.

23°. Profit donné 1° par la ponte de première année,
         2° - -   deuxième année.

24°. Comment l'aviculteur divise-t-il son troupeau à la fin de la première année de ponte ?

25°. Le poids des œufs, son importance.

www.ingramcontent.com/pod-product-compliance
Lightning Source LLC
LaVergne TN
LVHW021757060726
842528LV00003B/995